图说电力常识系列画册

图说
电力设施保护常识

本书编写组 组编　王瑞龙 绘图

（口袋书）

中国电力出版社
CHINA ELECTRIC POWER PRESS

图书在版编目 (CIP) 数据

图说电力设施保护常识: 口袋书 /《图说电力常识系列画册》编写组组编; 王瑞龙绘 . —北京: 中国电力出版社, 2015.4 (2019.6重印)

(图说电力常识系列画册)

ISBN 978-7-5123-7481-2

Ⅰ. ①图… Ⅱ. ①图… ②王… Ⅲ. ①电气设备 - 保护 - 图解 Ⅳ. ① TM7-64

中国版本图书馆 CIP 数据核字 (2015) 第 063354 号

中国电力出版社出版、发行

(北京市东城区北京站西街 19 号   100005   http://www.cepp.sgcc.com.cn)

北京瑞禾彩色印刷有限公司

各地新华书店经售

*

2015 年 4 月第一版   2019 年 6 月北京第七次印刷

787 毫米 ×1092 毫米   64 开本   1.375 印张   45 千字

印数15001—17000 册   定价 **12.00** 元

内容提要

　　本漫画手册采用易懂易读易记的"歌诀"的形式，配以生动形象的漫画、简单明了的说明，旨在让读者更好地了解和掌握用电常识。朗朗上口的"歌诀"，满足易懂易读易记的要求；生动形象的漫画，便于更快更好地理解和消化关键知识点；简单明了的说明，切实能让百姓轻松读懂。主要内容包括：保护须知；生活中的禁止行为；生产中的禁止行为；违法行为；电力建设；事故案例。

　　本漫画手册能使不同文化水平的人了解电力设施保护常识，明晰日常生产生活中哪些能做，哪些不能做，应该注意哪些事项。本书可作为开展"安全月活动"、"三下乡活动"、"科普日活动"的宣传用书。

前　言

　　在 21 世纪的今天，作为一种方便传输、清洁高效的二次能源，电能的使用已经渗透到社会经济的各行各业，被喻为"工业血液"的电能，与人们的生活也息息相关，电为人类提供了极大的便利。

　　电造福人类的同时，也存在着诸多安全隐患，生活中因用电不当而造成灾难的用电事故比比皆是；另外，对用电常识了解不多，也给广大百姓日常生活带来了诸多不便。因此，提高安全用电、科学用电、合理用电意识，有效地避免用电事故的发生，我们策划编写了本系列画册。

为了取得好的宣传效果，切实起到警示教育作用，编者深入基层，广泛收集素材和案例，分类编辑整理、配图，希望广大群众通过生动形象的漫画和歌诀了解生活中的用电常识，通过血淋淋的事故案例提高安全意识。本系列漫画手册主要包括：图说用电常识、图说电力设施保护常识、图说农村安全用电常识、图说农村家用漏电保护器常识、图说消防安全常识。

希望通过本系列画册，使不同文化水平的人，在看了漫画手册后，都能了解在日常生活用电中，哪些能做，哪些不能做，应该注意哪些事项，做到对安全用电、科学用电、节约用电的各项要求清清楚楚、明明白白，真正实现电让生活更美好。

信阳供电公司王瑞龙为本画册绘制了生动的漫画，本书编审过程中得到了多家供电公司的帮助，在此一并表示感谢。

由于时间仓促和水平有限，书中的不足或不妥之处在所难免，欢迎广大读者多提宝贵意见，帮助我们及时修改和完善。

编　者

图说电力设施保护常识

目　录

前言

一、保护须知

设施保护法规依实施细则与条列

电力企业和电力用户应遵守《电力设施保护条例》《电力设施保护条例实施细则》等法律法规的有关规定，采取有效措施，做好电力设施保护工作。

电力设施保护条例

保护法规

电力设施齐保护
群众宣传有义务

禁止危害电力设施
的行为，保护电力设施
人人有责。遇到危害电
力设施的行为，应当制
止并向电力管理部门、
公安部门报告。

依法设立保护区
保护区内禁堆物

电力设施周围要设立保护区，保护区内禁止堆放各类物品。

水电站和火电厂生产重地别乱闯

不得闯入水电站和火电厂内,不仅扰乱生产和工作秩序,而且还有触电的危险。不得进入用于发电的水库保护区域内炸鱼、捕鱼、游泳、划船等。

发电厂

不能随便进入水电站和火电厂,以免扰乱生产秩序。

我国的风力资源极为丰富，特别是东北、西北、西南高原和沿海岛屿，平均风速更大；有的地方，一年1/3以上的时间都是大风天。因地制宜地利用风力发电，非常适合，大有可为。

风机扇叶转得忙
设施保护在城乡

　　风能是一种潜力很大的清洁的可再生能源。风力发电不需要使用燃料，也不会产生空气污染。要教育群众保护风机及其附属设施。

风机

电力设施数一数
变电站在第一组

电力设施保护范围包括变电站，变电站是改变电压、控制和分配电能的场所，是重要的电力设施。

变电站

国家电网
STATE GRID

止步
高压危险

配电重地
闲人莫入

变压器和断路器都应保护别大意

电力设施保护范围还包括变电站内的断路器及其相关辅助设施。

开关设备

电力铁塔连成串
承担电能送配变

电力设施保护范围
包括架空电力线路及其
相关辅助设施。

架空
电力线路

电力电缆很便利
电缆通道标识立

电力设施保护范围包括电力电缆线路及电缆线、电缆沟、电缆井、电缆头等相关辅助设施。

电缆通道

电缆线路

电力调度特重要
电能调配不可少

电力调度是为了保证电网安全稳定运行、对外可靠供电、各类电力生产工作有序进行而采用的一种有效的管理手段。电力设施保护范围包括电力调度配套设施。

电力调度

刚刚说的调度指令清楚了吗？请复述一遍！

电力设施保护牌
严禁拆移莫损坏

不得拆卸杆塔或拉线上的器材；不得移动、损坏永久性标志或标识牌；不得涂改、移动、损坏、拔除电力设施建设的测量标桩和标记。

二、生活中的
禁止行为

晾衣铁丝和电线保持距离莫搭连

不能用电线来晾晒衣服。低压电力线与晾衣绳要保持 1.25 米以上的距离，注意千万不要搭连。

演戏放映赶大集
远离电线变压器

演戏、放电影和集会等活动要避开架空电力线路和其他电气设备，以防出现触电伤人事故。

教育儿童讲安全
攀登变台会触电

教育儿童不要攀爬变压器台，以免发生触电事故。

攀爬变台是十分危险的，容易触电，教育孩子不能贪玩

禁止攀登

登变台

安全教育万万千
拉线不可当秋千

教育儿童不要摇晃拉线，拉线松动可能导致电杆倾倒，容易发生触电事故。

晃拉线

乡间行驶车轮卡
擅拆拉线事故发

禁止擅拆拉线，拉线松动可能导致电杆倾倒。

小朋友，别淘气
线上小鸟不可击

教育儿童不要在高压线附近打鸟，向电力线投掷石子。

高压线下别垂钓
容易触电危险高

不准在高压电力线
路附近钓鱼。

钓鱼

私设电网来捕鱼
造成事故悔不及

　严禁私设电网防盗
和捕鼠、狩猎、捕鱼。

风筝随风漫天舞
谨防碰线出事故

放风筝要远离电力线，以免风筝线碰到电力线，造成触电事故。

小朋友，不要在这里放风筝，快离开！

放风筝

三、生产中的禁止行为

电杆旁边莫取土
拉线下方别修路

不准在杆塔内或杆塔与拉线之间修筑道路。不准在杆塔、拉线上悬挂物体。不准利用杆塔、拉线作起重牵引地锚。

取土

翻斗车来惹祸端
野蛮施工拽断杆

电力线附近禁止野蛮施工。一旦发生事故，肇事者不仅有生命危险，也难逃法律制裁。

电力电缆保护区作业坚决不能去

地下电缆、水底电缆敷设后，应设立永久性标志。不得在海底、江河电缆保护区内抛锚、拖锚、炸鱼、挖沙。

电缆线路标记立
危险物品要远离

电力电缆保护区应该设立标识，保护区内不得堆放垃圾、矿渣、易燃物、易爆物；不得倾倒酸、碱、盐及其他有害化学物品。

电力设施要保护
线下不建建筑物

在电力设施周围应设置保护区，保护区内不得兴建建筑物、构筑物等。

电线下不能建房你们不知道吗？

建筑

电力线旁搞基建
电工监督防碰线

在电力线附近立井架、盖房和砍伐树木时，应请电工监督，防止碰撞架空线。

附近有架空电力线路，起重机械不能随便进入！

起重机械细看清
电力线下莫乱行

未经批准，起重机械不得进入架空电力线路保护区进行施工。

起重

杆塔拉线作地锚
牵引力大恐不牢

不准在杆塔、拉线上悬挂物体。不准利用杆塔、拉线作起重牵引地锚。

防止线路受损伤
不得烧窑和烧荒

　　在架空电力线路保护区内，不得烧窑、烧荒。

么能在这里烧
啊？

烧窑和
烧荒

作物攀附杆拉线
树藤碰线很危险

保护区内可能危及电力设施安全的藤类攀附作物，应依法予以修剪或砍伐。

攀附拉线

苹果树苗种线下
作物长高事故发

在架空电力线路保护区内，不得种植可能危及电力设施安全的果树等经济作物。

电力线旁莫栽树
树枝碰线出事故

在架空电力线路保护区内不要栽树，小树长高后易发生树枝碰线，导致事故。

线路旁边伐树木
安全距离要留足

在电力线附近砍伐树木时，必须经电力部门同意，并采取防护措施。

杆塔高来拉线长
看好牛羊不能忘

不准在电杆上拴牲口，田间耕作应远离电杆和拉线。

拴牲口

电线下面莫堆草
引起火灾不得了

在架空电力线路保护区内，不得堆放谷物、草料。

堆草

行船遇见跨河线
放下桅杆保平安

船只通过跨河电力线时应及早放下桅杆。

行船

电力线下欲扬鞭
注意空中高压线

在电力线下赶马车，注意空中的高压电力线。运输、移栽树木时应将树木平放，避免碰触跨越道路的电力线。

扬鞭

开山放炮想挣钱
千万留意高压线

禁止在电力杆塔周围进行爆破作业，以防损坏电力设施。

放炮

四、违法行为

盗窃塔材挣黑钱
依照刑法严查办

盗窃电力设施会影响供电安全，引发触电事故，危及生命安全。对盗窃者要进行法律制裁，依照刑法有关规定追究刑事责任。

盗塔材

偷盗电缆把命丧
窃贼横尸道路旁

盗割电缆会影响中断供电，同时危及生命安全。

盗割电缆

私自收购电器材违法行为要制裁

不得私自收购电力设施和器材。对破坏电力设施或哄抢、盗窃电力设施器材的行为检举、揭发有功者，电力管理部门将给予表彰或一次性物质奖励。

销赃

**偷电窃电属违法
扰乱秩序危害大**

窃电指以非法占用电能，以不交或者少交电费为目的，采用非法手段不计量或者少计量用电的行为。偷电窃电等行为直接危害电力设施安全可靠供电，造成国家利益和消费者利益的损害，影响人们的正常生活秩序。

窃电危害

查处窃电不手软
三倍电费要补全

对查获的窃电者，应予以制止并可当场中止供电。窃电者应承担补交电费三倍的违约使用电费。窃电数额巨大或情节严重的，应提请司法机关依法追究刑事责任。

窃电处理

五、电力建设

经济建设谋发展
电力就是先行官

经济要发展，电力要先行。电能是最高效和最清洁的终端能源。电能占终端能源消费的比重提升一个百分点，单位 GDP 能耗可降 4%左右。

经济要发展，
电力要先行！

电力先行

**电建征地需协商
依法足额给补偿**

电力建设需要损害农作物，砍伐树木、竹子，或拆迁建筑物及其他设施的，应按照规定给予补偿。

征地赔偿

电力建设要规划 统筹考虑供用发

电力建设要坚持统一规划的原则，统筹考虑水源、煤炭、运输、土地、环境等各种因素，处理好电源与电网、输电与配电、城市与农村的关系，合理布局电源，科学规划电网。

电力建设勿阻碍
扰乱秩序不应该

不得阻碍电力建设或者电力设施抢修，致使工作不能正常进行。不得扰乱电力生产企业、变电站、电力调度机构和供电企业的秩序，致使生产、工作和营业不能正常进行。

六、事故案例

私入电站惹祸端
火爆小伙做法变

王某因与某变电站的工作人员在吃饭时发生口角，后闯入变电站，殴打工作人员，场面混乱，站内标志物等被碰翻或损坏，变电站工作人员报警后，警察将其带走。

闯入
变电站

水库炸鱼伤坝体
坝体受损人被拘

陈某与表弟夏某一起来到湖东的水力发电厂的水库捕鱼，陈某见周围无人，将藏在包中的雷管点燃后投入水中，因距大坝太近使坝体受损，陈某被刑事拘留。

坝旁炸鱼

攀爬电杆人致残
顽童无知母心寒

　　七岁的亮亮同母亲一起到田里除草，因好奇爬上 400V 电线杆上掏鸟窝，结果被电击，从电杆上跌落下来，双手残废。

攀爬电杆人致残

攀爬
电线杆

变台玩耍飞横祸

变台玩耍飞横祸
出于好奇掏鸟窝

一初中生，看到变台上有鸟窝，便爬到变台上去掏鸟窝，没有顾及禁止攀登的标志牌，爬到上面便触电摔下来，双腿残废。

爬变台

攀登

射鸟线断人归天
闯祸责任要承担

暑假，上初二的小明偷偷把爸爸的气枪偷出来，瞄准落在电线上的麻雀射击，结果射断了电线，恰巧电线落到路过的小伙子身上，使其当场触电死亡。

射鸟线断人归天

乱射击

**风筝挂线乱主张
竹竿去挑触电伤**

小赵和工友去放风筝，由于风大，风筝就挂到了不远处的高压线上，他试图用竹竿将风筝挑下来，突然感觉身上一麻，大喊了一声后，就昏迷过去。

挂住了。
竿勾下来。

放风筝

风筝惹祸触电伤

钓鱼触电人归天
高压电线要避远

某村李老汉无视"高压危险，禁止钓鱼"标识牌，在塘口钓鱼抛鱼竿时，不慎碰触到高压线上，遭电击身亡。

钓鱼

钓鱼触电人归天

线下堆麦本不该
麦堆抽烟火灾来

某村村民王五把自家的麦垛堆到村口电力线路下的一片空地。一个小孩抽烟，不小心点燃了麦垛，麦垛上的电线绝缘很快被烧得残破不全，好在此线路是进户线，电压等级不太高，没有引起重大触电事故，否则后果不堪设想。

线下堆麦

下堆麦火灾来

载麦超高线起火 影响夏忙喜收获

某村用汽车拉麦秆，由于所装麦秆超高，刮上带电的架空线路，引起两相搭连短路冒火，火星落在晒干的麦捆上，立即起火。

违章搭建患无穷

违章搭建患无穷
线下养鸡火势凶

某肉鸡养殖场违章占用了高压线铁塔下面的高压走廊，不小心起火，不仅使养殖场刚刚购进的一万余只种鸡在瞬间化为乌有，而且使鸡舍上方的10千伏线路点燃，造成停电。当地公安机关已对该养殖场的经营者进行了传讯。

养鸡场

线下养鸡

杆塔拴牛祸无穷
告上法庭又误工

村民刘某将家中黄牛拴在路边木电杆上，而就在他离开后，黄牛欲挣脱拴牛绳到另外地方去吃草，电杆被黄牛拉倒，架在木杆上的电线掉到地上，导致黄牛触电死亡。

杆塔拴牛

杆塔拴牛祸无穷

野蛮撞线险情现

野蛮撞线险情现
线断杆倒人触电

村民老刘，开着拖拉机往田地运送肥料，通过电力线路时拖拉机的后斗被拉线卡住，刘某误以为被石头绊住，加大油门想冲过去，结果拉断了拉线，造成电杆倾倒。

拆卸拉线

燃放鞭炮致停电
一声巨响线冒烟

春节到了，两名小孩由于不知道在电力线路附近放鞭炮的危害，便将二踢脚放在杆塔的角铁上燃放，随着一声巨响，电线被炸断，引发停电，其中一名小孩触电。

燃放鞭炮致停

电线旁放鞭炮

私拉乱接法不容
为省点钱想不通

王某因拖欠电费和违约金，被供电部门作出欠费停电措施。王某被停止供电后，在供电线路上私自接线与家里的用电设备相连，实施盗窃用电，结果触电身亡。

私拉乱接

违章捕鱼奔黄泉
只缘竹竿绑导线

　　某日，村民小林找来根导线，一端挑挂在附近的低压线路上，另一端绑在竹竿上，直接插入水中。捕鱼时不小心滑入了水塘，触电身亡。

违章捕鱼

违章捕鱼奔黄泉

线下种树旁人殃
电线随着树冠晃

张某承包的林地上方有条架空电力线路，他在下面种植了挺拔的杨树，几年后，杨树的树冠快达到电力线路的高度。某晚大风，随着树冠的摇晃，很快电线被扯断。第二天护林员巡查时，触电身亡。

伐树压线事故发
无辜儿子倒在家

有一农户想放倒自己家门前的一棵高 15 米的大树，放树过程中没有控制树倒的方向，当树被锯倒时砸断附近的 10 千伏带电导线，断落电线搭在了刚从家里走出的儿子身上。

伐树压线

伐树压线事故发

耕地撞线灾祸起

耕地撞线灾祸起
不能全怪拖拉机

某乡的农户驾驶拖拉机耕地时误将地里的10千伏电杆拉线撞出，电杆立即发生倾斜，断线引燃了地里的玉米杆。该乡副乡长接到电话出来指挥救火时，误碰断线触电。

着火了？好的，我们马上就过去！

耕地撞线

安距不够遭电击
擅加顶棚劝不止

某阀门厂私自在高压线下的厂房上加高建房一层，使原来房顶至高压线的距离 3 米缩短为 0.5 米。某日副厂长范某携带其子（12 岁）到厂里值班，其子不小心接触高压线触电身亡。

线下建房

无视标识苦果尝 临街铺面得关张

王某的家有个临街的铺面，他全然不顾那块空地的边上立着的醒目标志提醒此处埋有电缆，花了重金进行在空地上盖房。刚开业不久，这段电缆需要维修，于是他的违建被拆，并收到了有关部门的警告和罚款单。

线上建房

杆旁取土惹祸来
电杆泡倒隐患埋

两村交界处有一电压等级为 10 千伏的线路杆塔周围的土被村民盖房挖走，大雨后电杆被泡倒，断线落在路旁，邮递员王某路过水坑时，造成跨步电压触电。

杆旁取土惹祸来

杆旁取土

挖金人双亡

河内挖沙

电力电

非法挖金人双亡
当时只顾施工忙

申某和宋某在河边采沙挖金，申某看见地下有电缆及禁止挖沙的警示牌，但申某认为离得较远，就没有理会，指挥宋某及其他雇来的工人继续非法淘金，结果将电缆挖断，宋某触电身亡。

塔吊惹干祸连环

塔吊惹干祸连环
心存侥幸欲隐瞒

　　某建筑工地在供电公司10千伏高压电杆附近施工，没有取得电力管理部门的批准。翻斗车操作人员在挖掘过程中野蛮作业将邻近高压电杆撞倒，电线断落，造成恰巧路过的行人李某触线身亡。

野蛮施工

就是你们害死了我丈夫！

吊车碰线人致残
喜事惨事接连办

老郑家正喜气洋洋地盖着新房，因吊车驾驶员操作失误，吊车碰到附近的 10 千伏线路，老郑站在吊车附近，被放电烧伤，经医院救治，右臂截肢。

吊车碰线

放炮采石人遭干 爆破倒塔大停电

父子二人开采石场，爆破引起一块巨石滚落，当场砸断高压铁塔，导致现场的3人触电，并引发大面积停电。

爆破倒塔

爆破倒塔大停电

骗取补偿被曝光

骗取补偿被曝光
捞钱不成上公堂

吴某在变电站线路改造动迁过程中，与苗木种植老板方某合谋，虚构土地租赁协议并突击种树，获得155万元动迁补偿款，两人拿到"好处费"60万元。后被人举报，经当地检察院公诉，吴某、方某被追究刑事责任。

征地赔偿

冒牌电工杆上困 狂盗电线牢狱蹲

秦某在工地干过电工，伙同他人登上电杆用钳子剪断正在运行中的电线，盗窃铝芯线、铜芯线等，结果同伙触电，倒吊在电杆上。他们破坏电力设施的行为构成了犯罪，被依法逮捕。

狂盗电线申

盗窃收购

助贼销赃法难逃
被人举报进牢房

某废品收购站老板，在明知违法的情况下，长期收购、贩卖不明来源的电力器材，后因居民举报，被公安机关逮捕，判处有期徒刑5年。

盗窃收购

举报违法功劳大
盗窃行为要重罚

环卫工人李某发现一可疑面包车，载满电力物资，于是他暗暗记下车牌号，随后报警。警察根据车牌号，顺利抓获一起严重盗窃电力器材的团伙。李某的行为，受到了精神上和物质上的双重奖励。

盗窃收购

保洁车

举报违法功劳大

老汉智抓盗团伙

老汉智抓盗团伙
警民合力贼挺多

　　一天夜里，一伙盗窃团伙正在盗窃一处暂时闲置的输电线路的铁塔塔材，被正在遛弯的一老大爷发现，老大爷不动声色地偷偷拔下窃贼车上的钥匙后报警。警民合力抓获一个盗窃电力器材的重大犯罪团伙。

盗窃收购